Vivaces

LARRY HODGSON
Le jardinier paresseux

97-B, Montée des Bouleaux,
Saint-Constant, Qc, Canada, J5A 1A9
Internet : www.broquet.qc.ca   Courriel : info@broquet.qc.ca
Tél. : 450-638-3338   Téléc. : 450-638-4338

Catalogage avant publication de Bibliothèque et Archives nationales du Québec et Bibliothèque et Archives Canada

Hodgson, Larry

Vivaces

(Tout-terrain)

ISBN 978-2-89654-150-8

1. Plantes vivaces – Québec (Province). 2. Plantes vivaces – Sélection – Québec (Province). 3. Plantes vivaces – Ouvrages illustrés.
I. Titre.

SB434.H623 2010   635.9'3209714   C2009-942424-X

Pour l'aide à la réalisation de son programme éditorial, l'éditeur remercie :
Le Gouvernement du Canada par l'entremise du Programme d'Aide au développement de l'industrie de l'édition (PADIÉ) ; La Société de développement des entreprises culturelles (SODEC) ; L'Association pour l'exportation du livre canadien (AELC).
Le Gouvernement du Québec – Programme de crédit d'impôt pour l'édition de livres – Gestion SODEC.

Copyright © Ottawa 2010 Broquet inc.
Dépôt légal – Bibliothèque et Archives nationales du Québec
1er trimestre 2010

Photographies de la page couverture : Haut : © Pat-swan | Dreamstime.com ;
gauche, droite en haut et droite en bas : Josée Fortin ; droite au centre :
www.jardinerparesseux.com
Image de fond, pages 4-93 : © Minpin | Dreamstime.com
Illustration du jardinier paresseux : Claire Tourigny
Révision : Andrée Laprise
Relecture : Diane Martin
Conception graphique de la page couverture : Brigit Levesque
Conception graphique : Josée Fortin
Traitement d'images : Nancy Lépine

ISBN 978-2-89654-150-8

Imprimé en Chine

Introduction

Vous cherchez de belles fleurs pour votre terrain, mais ne tenez pas à devoir tout replanter chaque année ? Les vivaces sont alors les plantes parfaites. Ces végétaux entrent en dormance à l'automne et perdent généralement leur feuillage, mais au printemps, les voici de retour, plus gros et plus beaux. Vous pouvez les diviser et les bouturer et, avec le temps, vous pourriez en remplir tous les recoins de votre domaine.

Chaque plante décrite dans ce livre profite d'une brève description et d'un résumé de ses besoins. Et, détail très important, chacune est accompagné de sa zone de rusticité, c'est-à-dire sa capacité de tolérer le froid hivernal. Achetez des végétaux de votre zone de rusticité ou de toute zone moderne et vous n'aurez plus de pertes hivernales !

Surtout, vous remarquerez que ce livre unique est à l'épreuve des intempéries. Ainsi, vous pourrez l'apporter partout avec vous : en jardinerie pour une consultation rapide ou étalé sur le sol pendant que vous plantez, ouvert à la page où l'on explique tout sur la plante que vous manipulez. Jardiner n'aura jamais été aussi facile !

Bon jardinage !

Larry Hodgson

Achillée jaune

Achillea filipendulina

Nom anglais : Fernleaf Yarrow.

Nom botanique : *Achillea filipendulina*.

Hauteur : 120-135 cm.

Espacement : 60 cm.

Emplacement : Ensoleillé à mi-ombragé.

Sol : Ordinaire, pauvre.

Floraison : Tout l'été.

Multiplication : Division ou semis au printemps. Bouturage des tiges à l'été.

Utilisation : Plate-bande, pré fleuri, pentes, fleur coupée, fleur séchée, pots-pourris.

Zone de rusticité : 3.

Une belle grande vivace qui produit de jolies touffes de feuilles gris-vert et aromatiques très finement découpées. Elles sont persistantes et offrent donc un attrait toute l'année. Les petites fleurs jaune moutarde sont portées à l'extrémité des tiges dressées, formant un dôme aplati très décoratif qui dure, de surcroît, presque tout l'été. Dans les sols trop riches, surtout si la plante manque de lumière, les tiges peuvent plier.

Achillée millefeuille

Achillea millefolium

Photo: www.jardinierparesseux.com

Nom anglais: Common Yarrow.

Nom botanique: *Achillea millefolium*.

Hauteur: 50-80 cm.

Espacement: 40 cm à illimité.

Emplacement: Ensoleillé à mi-ombragé.

Sol: Ordinaire, pauvre.

Floraison: Tout l'été.

Multiplication: Division ou semis au printemps. Bouturage des tiges à l'été.

Utilisation: Bordure, massif, rocaille, murets, plate-bande, pré fleuri, pentes, fleur coupée, fleur séchée, pots-pourris.

Zone de rusticité: 3.

Sous sa forme sauvage, cette vivace indigène, appelée «herbe à dinde», produit des bouquets de fleurs blanches. En culture, elle a pris un arc-en-ciel de couleurs: jaune, orange, rouge, rose, pourpre, etc. Le feuillage aromatique, vert foncé et très découpé, persiste l'hiver.

L'achillée millefeuille préfère les sols pauvres à ordinaires. Elle a des rhizomes envahissants et demande un peu de division pour arrêter ses élans.

Aconit

Aconitum 'Stainless Steel'

Photo : www.jardinierparesseux.com

Nom anglais : Monkshood.

Nom botanique : *Aconitum* spp.

Hauteur : 90-120 cm.

Espacement : 30-150 cm.

Emplacement : Ensoleillé ou mi-ombragé.

Sol : Bien drainé, humide et riche en matière organique.

Floraison : Du milieu jusqu'à la fin de l'été.

Multiplication : Division au printemps ou à l'automne, parfois difficile à reproduire par semis.

Utilisation : Plate-bande, arrière-plan, sous-bois, pré fleuri, fleur coupée.

Zone de rusticité : 2 à 4.

La plupart des aconits ont des fleurs bleu pourpré en forme de casque bombé portées sur des tiges dressées. Leurs feuilles sont vert foncé et très découpées.

De culture très facile et bien adaptés à une grande variété de conditions, les aconits sont, par contre, très lents à se développer : ils prennent 4 à 5 ans pour atteindre leur pleine grandeur, et n'apprécient pas le dérangement.

Plante toxique.

Alchémille

Alchemilla mollis

Photo: www.jardinierparesseux.com

Nom anglais: Lady's Mantle.

Nom botanique: *Alchemilla mollis*.

Hauteur: 30-45 cm.

Espacement: 60 cm.

Emplacement: Ensoleillé jusqu'à ombragé.

Sol: Bien drainé et humide.

Floraison: Du début jusqu'à la fin de l'été.

Multiplication: Division au printemps, semis en tout temps.

Utilisation: Bordure, couvre-sol, rocaille, murets, plate-bande, sous-bois, pentes, fleur coupée, fleur séchée.

Zone de rusticité: 3.

Son feuillage arrondi et lobé rappelant les feuilles de nymphéa est légèrement argenté et ses fleurs portées en grappes mousseuses sont jaune verdâtre. C'est une plante de charme et de légèreté qui convient parfaitement aux plates-bandes pour nostalgiques, car son effet d'ensemble donne un aspect d'antan. Les enfants seront fascinés par la façon dont la moindre goutte d'eau perle sur la surface du feuillage, roulant çà et là au gré du vent.

Ancolie

Aquilegia x *hybrida*

Photo: www.jardinierparesseux.com

Nom anglais: Columbine.

Nom botanique: *Aquilegia.*

Hauteur: 30-90 cm.

Espacement: 15-30 cm.

Emplacement: Ensoleillé ou mi-ombragé.

Sol: Bien drainé, humide et riche en matière organique.

Floraison: De la fin du printemps jusqu'au début de l'été.

Multiplication: Division ou semis tôt au printemps ou à l'automne.

Utilisation: Bordure, rocaille, murets, plate-bande, sous-bois, pré fleuri, fleur coupée.

Zone de rusticité: 3.

Les fleurs sont super-bes: des sépales portant de longs éperons arqués entourent des pétales en coupe. Souvent les pétales et les sépales sont de couleurs contrastantes. Les colibris l'adorent! Le feuillage rappelant des feuilles de ginkgo est très joli. Il est toutefois sujet aux insectes.

L'ancolie s'adapte bien aux conditions variées, mais a une courte vie. Heureuse-ment, elle se ressèmera spontanément si vous lui laissez un peu d'espace.

Anémone du Japon

Anemone x hybrida

Photo : www.jardinierparesseux.com

Nom anglais : Japanese Anemone.

Nom botanique : *Anemone* x *hybrida*.

Hauteur : 80-100 cm.

Espacement : 30-45 cm.

Emplacement : Mi-ombragé.

Sol : Bien drainé et riche en matière organique.

Floraison : De la fin de l'été jusqu'à la fin de l'automne.

Multiplication : Division au printemps.

Utilisation : Plate-bande, arrière-plan, sous-bois, pré fleuri, fleur coupée.

Zone de rusticité : 3.

L'anémone du Japon a des feuilles très découpées surtout basales et de hautes tiges florales minces mais solides portant des masses de fleurs en forme de soucoupe. Les fleurs sont de différentes teintes de blanc, rose et cramoisi et peuvent être simples ou semi-doubles.

Elle est lente à s'établir au début, mais devient éventuellement envahissante.

Excellent choix pour les sous-bois, car elle adore la litière forestière.

Arabette

Arabis caucasica

Photo : www.jardinierparesseux.com

Nom anglais : Rockcress.

Nom botanique : *Arabis caucasica.*

Hauteur : 10-25 cm.

Espacement : 60 cm.

Emplacement : En plein soleil.

Sol : Bien drainé mais pas trop riche.

Floraison : À la fin du printemps et au début de l'été.

Multiplication : Semis en tout temps ; marcottage ou bouturage à la mi-été ; division au printemps ou à l'automne.

Utilisation : Bordure, couvre-sol, massif, entre les dalles, rocaille, murets, plate-bande, bac, pentes.

Zone de rusticité : 3.

Cette plante alpine porte des tiges et des feuilles grisâtres persistantes. Elle se couvre littéralement de petites fleurs blanches à 4 pétales au printemps. Certains cultivars ont des fleurs roses, des fleurs doubles ou un feuillage panaché.

Offrez-lui du soleil et un bon drainage, même un sol pauvre et sec. Si la plante se dégarnit avec le temps, rabattez-la sévèrement après la floraison, ce qui stimule une repousse complète.

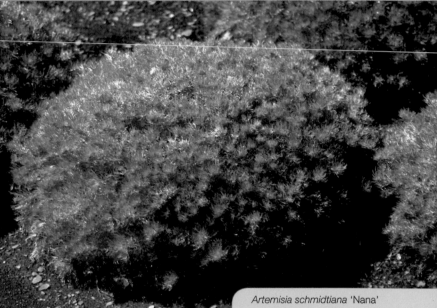

Artemisia schmidtiana 'Nana'

Photo: www.jardinierparesseux.com

Nom anglais: Silver Mound.

Nom botanique: *Artemisia schmidtiana* 'Nana'.

Hauteur: 25-45 cm.

Espacement: 30-60 cm.

Emplacement: Au soleil.

Sol: Très bien drainé, pauvre et plutôt sec (les sols alcalins conviennent bien).

Floraison: Sans importance.

Multiplication: Division au printemps; bouturage des tiges à l'été.

Utilisation: Bordure, couvre-sol, en isolé, massif, rocaille, murets, plate-bande, bac, pentes.

Zone de rusticité: 3.

C'est pour le feuillage ornemental aromatique et plumeux d'un bleu-vert argenté qu'on cultive cette armoise ainsi que pour son superbe port en dôme bombé parfaitement symétrique; ses fleurs jaunes sont à peine visibles, cachées parmi le feuillage.

La plante a tendance à s'ouvrir en plein été et elle perd alors tout son charme. La solution est pourtant facile: rabattez-la et elle repoussera très rapidement, et elle restera attrayante cette fois-ci jusqu'aux neiges.

Aster d'automne

Aster spp.

Photo : www.jardinierparesseux.com

Nom anglais : Aster, Michaelmas Daisy.

Nom botanique : *Aster novi-belgii* et *Aster novi-angliae*.

Hauteur : 45-150 cm.

Espacement : 45-90 cm.

Emplacement : Ensoleillé ou mi-ombragé.

Sol : Bien drainé, assez humide et riche en matière organique.

Floraison : De la fin de l'été jusqu'à la fin de l'automne.

Multiplication : Division au printemps.

Utilisation : Massif, plate-bande, arrière-plan, sous-bois, pré fleuri, fleur coupée.

Zone de rusticité : 2 à 6.

L'aster est proposé dans une vaste gamme de couleurs : pourpre, violet, « bleu », lavande, rose, rouge, blanc, etc. Les fleurs rappellent une marguerite à cœur jaune, mais les rayons, nettement plus nombreux, donnent un effet de fleur semi-double. Les feuilles lancéolées vert foncé, sans pétiole, sont nombreuses mais sans véritable attrait.

La touffe a tendance à s'éclaircir du centre avec le temps : une division la remettra d'aplomb.

Astilbe

Astilbe chinensis

Photo : www.jardinierparesseux.com

Nom anglais : Astilbe.

Nom botanique : *Astilbe* spp.

Hauteur : 30-120 cm.

Espacement : 30-90 cm.

Emplacement : Ensoleillé ou mi-ombragé.

Sol : Bien drainé, humide et riche en matière organique.

Floraison : Du début jusqu'à la fin de l'été.

Multiplication : Division ou bouturage des racines au printemps.

Utilisation : Bordure, couvre-sol, en isolé, massif, rocaille, murets, plate-bande, sous-bois, pré fleuri, bac, lieux humides, fleur coupée, fleur séchée.

Zone de rusticité : 4.

Les astilbes ont des feuilles vert foncé ou bronzées découpées comme une fougère. Les fleurs plumeuses sont de différentes teintes de rouge, de rose, de blanc, de lavande et de pourpre.

La réputation des astilbes voulant qu'elles soient des plantes d'ombre a été grandement exagérée. À l'ombre, leur floraison est souvent nulle. Elles préfèrent la mi-ombre. On peut même les cultiver au soleil à condition que le sol reste toujours humide.

Astrance radiaire

Astrantia 'Hadspen Blood'

Photo: www.jardinierparesseux.com

Nom anglais: Masterwort.

Nom botanique: *Astrantia major.*

Hauteur: 60 cm.

Espacement: 45 cm.

Emplacement: Au soleil ou à l'ombre.

Sol: Bien drainé, humide et riche en matière organique.

Floraison: Du début jusqu'à la fin de l'été.

Multiplication: Division au printemps ou à l'automne; semis à l'automne.

Utilisation: Bordure, couvre-sol, massif, plate-bande, sous-bois, pré fleuri, pentes, fleur coupée, fleur séchée.

Zone de rusticité: 3.

Le nom *Astrantia* vient du latin «astra» pour étoile, car à la fois ses feuilles palmées et ses inflorescences sont étoilées. L'inflorescence ressemble à une pelote d'épingles entourées d'une collerette. Les fleurs peuvent être roses, rouges ou blanches.

L'astrance radiaire peut pousser au soleil ou à l'ombre, mais son milieu de prédilection est la mi-ombre. Elle se répandra volontiers par semences si vous laissez un peu d'espace libre.

Baptisia australe

Baptisia australis

Photo: www.jardinierparesseux.com

Nom anglais: Blue False Indigo.

Nom botanique: *Baptisia australis*.

Hauteur: 90-120 cm.

Espacement: 90 cm.

Emplacement: En plein soleil ou légèrement ombragé.

Sol: Bien drainé et même sec.

Floraison: À la fin du printemps.

Multiplication: Semis faits à l'extérieur, à l'automne, ou à l'intérieur, à la fin de l'hiver.

Utilisation: Haie, pentes, en isolé, massif, plate-bande, arrière-plan, pré fleuri, fleur coupée.

Zone de rusticité: 2 à 3.

C'est une grande vivace en forme d'arbuste aux tiges épaisses et très solides portant des feuilles trifoliées vert bleuté. Les fleurs, en forme de fleur de pois, sont assemblées sur des épis dressés. La couleur principale est violette. Des cosses pourpre foncé ajoutent à l'effet ornemental.

C'est une plante à croissance très lente, mais qui est, par contre, absolument permanente. Votre patience sera donc amplement récompensée.

Barbe de bouc

Aruncus dioicus

Photo: www.jardinierparesseux.com

Nom anglais: Goat's Beard.

Nom botanique: *Aruncus dioicus.*

Hauteur: 30-150 cm.

Espacement: 40-120 cm.

Emplacement: Au soleil ou à l'ombre.

Sol: Humide et riche en matière organique.

Floraison: Du début jusqu'au milieu de l'été.

Multiplication: Division au printemps.

Utilisation: En isolé, haie, plate-bande, arrière-plan, sous-bois, pré fleuri, endroits humides, fleur coupée.

Zone de rusticité: 3 ou 4.

Cette grande vivace a l'allure d'un arbuste, avec ses feuilles découpées vert foncé qui jaunissent à l'automne, ses tiges solidement dressées qui ne cèdent jamais au vent et ses grandes panicules de fleurs plumeuses blanc ivoire. On peut aussi la décrire comme une astilbe géante. Les fleurs sèchent sur place et donnent un bel effet hivernal. Elle pousse au soleil ou à l'ombre, mais est généralement mieux à la mi-ombre.

Bergenia

Bergenia cordifolia

Nom anglais : Bergenia.

Nom botanique : *Bergenia.*

Hauteur : 40-45 cm.

Espacement : 60-90 cm.

Emplacement : Ensoleillé ou ombragé.

Sol : Presque tous les sols, sauf ceux qui sont très secs.

Floraison : Au printemps.

Multiplication : Division au printemps ou à la fin de l'été ; semis au printemps.

Utilisation : Bordure, couvre-sol, massif, rocaille, murets, plate-bande, sous-bois, pentes, endroits humides, fleur coupée.

Zone de rusticité : 2.

Le bergenia est vraiment unique parmi les vivaces de climat froid avec ses grandes feuilles charnues luisantes cordiformes qui persistent l'hiver. Elles sont vert foncé l'été, pourprées de l'automne au printemps. Au printemps, il produit des tiges rougeâtres portant des grappes de fleurs roses, rouges ou blanches qui durent plusieurs semaines. La plante forme un tapis de verdure grâce à ses tiges rampantes généralement cachées par ses feuilles.

Bugle rampante

Ajuga reptans

Photo : www.jardinierparesseux.com

Nom anglais : Bugleweed.

Nom botanique : *Ajuga reptans*.

Hauteur : 10-30 cm.

Espacement : 30-90 cm (et plus).

Emplacement : Au soleil ou à l'ombre.

Sol : Bien drainé, humide et riche en matière organique.

Floraison : De la fin du printemps jusqu'au début de l'été.

Multiplication : Division des rejets ou semis au printemps ou à l'été.

Utilisation : Bordure, couvre-sol, massif, rocaille, murets, entre les dalles, plate-bande, sous-bois, bac, pentes, lieux humides.

Zone de rusticité : 3.

C'est un couvre-sol populaire utilisé pour ses feuilles luisantes persistantes en forme de spatule et ses courts épis de fleurs bleu violacé à la fin du printemps. Les feuilles peuvent être vertes, bronzées, pourpres, panachées de blanc, de rose, de jaune, etc.

Utilisez cette plante uniquement là où sa capacité de former un tapis sans fin ne posera pas de problème. Elle préfère un emplacement protégé par la neige.

Campanule des Carpates

Campanula carpatica

Photo: www.jardinierparesseux.com

Nom anglais : Carpathian Bellflower.

Nom botanique : *Campanula carpatica*.

Hauteur : 40 à 60 cm.

Espacement : 40 à 60 cm.

Emplacement : Ensoleillé ou mi-ombragé.

Sol : Bien drainé.

Floraison : Tout l'été.

Multiplication : Division ou semis au printemps.

Utilisation : Bordure, couvre-sol, massif, rocaille, murets, entre les dalles, plate-bande, bac, pentes.

Zone de rusticité : 3.

Cette campanule populaire fleurit presque tout l'été et produit des fleurs très grosses (5 cm de diamètre) par rapport à sa petite taille. De plus, elles sont dressées (ce qui n'est pas toujours le cas chez les campanules) et donc très visibles. Les fleurs en forme de coupe peuvent être bleu-violet, pourpres ou blanches. La plante forme un dôme arrondi de feuilles triangulaires vert foncé.

Centaurée de montagne

Centaurea montana

Photo : www.jardinierparesseux.com

Nom anglais : Perennial Cornflower.

Nom botanique : *Centaurea montana.*

Hauteur : 45 à 60 cm.

Espacement : 40 cm.

Emplacement : Ensoleillé ou mi-ombragé.

Sol : Bien drainé.

Floraison : Fin du printemps au milieu de l'été.

Multiplication : Division ou semis au printemps.

Utilisation : Bordure, en isolé, massif, plate-bande, pré fleuri, fleur coupée, fleur séchée.

Zone de rusticité : 3.

Les solides tiges ramifiées donnent des fleurs composées très aérées bleu-violet au centre rouge pourpré. Il existe aussi des cultivars à fleurs blanches et pourpre foncé. Elles se succèdent pendant 6 semaines et plus au début de la saison. Les feuilles entières lancéolées sont de couleur argentée au printemps, vert moyen l'été. C'est une vivace classique de courte vie (3 à 5 ans) qui se maintient en se ressemant abondamment.

Chardon bleu

Echinops ritro

Nom anglais: Globe Thistle.

Nom botanique: *Echinops ritro* et autres.

Hauteur: 90-120 cm.

Espacement: 45-60 cm.

Emplacement: Ensoleillé ou très légèrement ombragé.

Sol: Ordinaire et bien drainé, voire plutôt sec.

Floraison: Du milieu de l'été jusqu'au début de l'automne.

Multiplication: Division des rejets, semis ou bouturage des racines au printemps.

Utilisation: Plate-bande, arrière-plan, pré fleuri, fleur coupée, fleur séchée.

Zone de rusticité: 3.

Malgré son nom «chardon bleu», les feuilles, longues et dentées, vert à l'endroit et grises et poilues à l'envers, ne sont pas si piquantes. Les inflorescences ressemblent à des boules bleu argenté et sont couvertes de piquants solides. D'ailleurs, le mot *Echinops* vient du grec pour «hérisson». Elles font de superbes fleurs coupées fraîches et séchées. C'est une plante de culture très facile.

Chrysanthème d'automne

Chrysanthemum morifolium

Nom anglais : Fall Mum, Cushion Mum.

Nom botanique : *Chrysanthemum morifolium*, syn. *Dendranthema* x *grandiflorum*.

Hauteur : 45-75 cm.

Espacement : 50-120 cm.

Emplacement : Ensoleillé à mi-ombragé.

Sol : Riche, bien drainé.

Floraison : Fin de l'été et l'automne.

Multiplication : Bouturage ou division au printemps.

Utilisation : Massif, plate-bande, pot, bordure, sous-bois, pré fleuri, fleur coupée.

Zone de rusticité : Variable, 3 à 8.

Il s'agit de plantes en dôme aux fleurs doubles ou semi-doubles dans une vaste gamme de couleurs. Les feuilles sont légèrement découpées et portées sur des tiges solides.

La rusticité varie énormément ; certains cultivars, comme ceux des séries Firecracker, Morden, Minn ou My Favorite sont parfaitement rustiques (zone 3) ; d'autres pas du tout (zone 8). Attention : tailler cette plante à l'automne réduit sa rusticité !

Cimifuge à grappes

Cimicifuga racemosa

Photo: www.jardinierparesseux.com

Nom anglais: Black Snakeroot.

Nom botanique: *Cimicifuga racemosa*.

Hauteur: 120-240 cm.

Espacement: 60-120 cm.

Emplacement: Mi-ombragé ou ombragé (au soleil si le sol est humide).

Sol: Bien drainé, humide et riche en matière organique.

Floraison: Fin de l'été à début de l'automne.

Multiplication: Division au printemps ou à l'automne.

Utilisation: En isolé, haie, massif, plate-bande, arrière-plan, sous-bois, fleur coupée, fleur séchée.

Zone de rusticité: 3.

C'est une grande plante produisant de grosses feuilles composées et de hauts épis floraux. Les épis minces de petites fleurs blanches plumeuses sont très dressés et ramifiés, donnant un effet de candélabre. Elles dégagent un parfum désagréable, mais seulement si on les sent.

Cette plante de sous-bois préfère un emplacement à la mi-ombre ou à l'ombre, mais on peut la cultiver au plein soleil dans un sol très humide.

Cœur-saignant des jardins

Dicentra spectabilis

Photo : Jeffries Nurseries

Nom anglais : Bleeding Heart.

Nom botanique : *Dicentra spectabilis.*

Hauteur : 60-90 cm.

Espacement : 90 cm.

Emplacement : Mi-ombragé.

Sol : Bien drainé, frais et assez humide ; riche en matière organique.

Floraison : À la fin du printemps.

Multiplication : Division et bouturage des racines au printemps ou après la floraison, bouturage des tiges après la floraison ; semis à l'automne.

Utilisation : Bordure, en isolé, massif, rocaille, plate-bande, sous-bois, endroits humides, fleur coupée.

Zone de rusticité : 2.

Avec ses grandes feuilles découpées et ses tiges arquées portant des fleurs roses ou blanches en forme de cœur, le cœur-saignant est de toute beauté.

Après la floraison, la plante entre en dormance estivale là où les étés sont chauds et secs. Le feuillage persiste jusqu'à l'automne ailleurs.

La division est difficile, peu importe la méthode employée : si vous voulez de nouveaux plants, mieux vaut en acheter.

Cœur-saignant du Pacifique

Dicentra formosa

Photo : www.jardinierparesseux.com

Nom anglais : Pacific Bleeding Heart.

Nom botanique : *Dicentra formosa.*

Hauteur : 23-38 cm.

Espacement : 20-60 cm.

Emplacement : Mi-ombragé à ombragé.

Sol : Bien drainé, humide et riche en matière organique.

Floraison : Du printemps jusqu'à la fin de l'été.

Multiplication : Division des rejets au printemps.

Utilisation : Bordure, couvre-sol, massif, rocaille, murets, plate-bande, sous-bois, fleur coupée.

Zone de rusticité : 3.

Le cœur-saignant du Pacifique produit des feuilles très découpées, comme des frondes de fougère. Elles peuvent être vert pomme ou bleutées. Les fleurs en forme de cœur allongé de l'espèce sont rose moyen, celles des cultivars de blanc à rose pâle à rouge pourpré. Elles se renouvellent durant tout l'été si les conditions lui conviennent.

Cette plante court par rhizomes souterrains et fait un excellent couvre-sol.

Coquelourde des jardins

Lychnis coronaria

Photo : www.jardinierparesseux.com

Nom anglais : Rose Campion.

Nom botanique : *Lychnis coronaria*.

Hauteur : 45 à 90 cm.

Espacement : 30 à 45 cm.

Emplacement : Au soleil.

Sol : Bien drainé.

Floraison : Mi-été à fin été.

Multiplication : Division au printemps ; semis à l'intérieur, à la fin de l'hiver, ou à l'extérieur, au printemps.

Utilisation : Bordure, massif, rocaille, murets, plate-bande, pré fleuri, fleur coupée.

Zone de rusticité : 3.

On reconnaît la coquelourde des jardins par ses feuilles et ses tiges fortement argentées et ses fleurs à 5 pétales larges, généralement magenta vif. Elles peuvent aussi être rouges, roses, blanches ou bicolores.

C'est une plante de courte vie et à croissance rapide, qui fleurit la même année à partir de semis faits à l'intérieur. La plante se ressème spontanément, parfois très abondamment. Un paillis aidera à contrôler ses élans.

Corbeille-d'or

Alyssum saxatile

Photo: www.jardinierparesseux.com

Nom anglais: Basket of Gold.

Nom botanique: *Aurinia saxatilis,* anc. *Alyssum saxatile.*

Hauteur: 20-30 cm.

Espacement: 30-45 cm.

Emplacement: En plein soleil.

Sol: Bien drainé, mais pas trop riche.

Floraison: À la fin du printemps et au début de l'été.

Multiplication: Semis à l'automne; marcottage ou bouturage à la mi-été.

Utilisation: Bordure, couvre-sol, massif, rocaille, murets, plate-bande, bac, pentes.

Zone de rusticité: 3.

Cette plante alpine se recouvre de petits bouquets jaune or à la fin du printemps. Certains cultivars ont des fleurs orange, saumon ou jaune citron. Les fleurs ont quatre pétales et forment une croix… la forme classique pour une Crucifère (qui veut dire « en croix »). Le feuillage est persistant et gris-vert. La plante rampe sur le sol, formant un dôme aplati.

Coréopsis à grandes fleurs

Coreopsis grandiflora

Photo: www.jardinierparesseux.com

Nom anglais: Largeflower Coreopsis.

Nom botanique: *Coreopsis grandiflora*.

Hauteur: 40 à 90 cm.

Espacement: 30 cm.

Emplacement: Ensoleillé ou très légèrement ombragé.

Sol: Très bien drainé et même assez pauvre.

Floraison: Du début de l'été jusqu'aux gels.

Multiplication: Division ou semis au printemps.

Utilisation: Bordure, couvre-sol, massif, rocaille, murets, plate-bande, arrière-plan, pré fleuri, fleur coupée.

Zone de rusticité: 3.

La touffe basale de feuilles lancéolées parfois découpées porte de minces tiges florales qui se succèdent durant tout l'été. La fleur composée est en forme de marguerite aux rayons jaune or, parfois rouges à la base. Les rayons sont incisés à l'extrémité. Beaucoup de cultivars sont semi-doubles ou doubles.

Les semis fleurissent abondamment dès la première année, mais ce coréopsis est de faible longévité (3 ou 4 ans).

Croix-de-Malte

Lychnis chalcedonica

Photo: www.jardinierparesseux.com

Nom anglais: Maltese Cross.

Nom botanique: *Lychnis chalcedonica.*

Hauteur: 60-90 cm.

Espacement: 45 cm.

Emplacement: Au soleil.

Sol: Bien drainé.

Floraison: Mi-été.

Multiplication: Division au printemps; semis à l'intérieur, à la fin de l'hiver, ou à l'extérieur, au printemps.

Utilisation: Bordure, massif, rocaille, murets, plate-bande, pré fleuri, fleur coupée.

Zone de rusticité: 3.

Il s'agit d'une vivace produisant des touffes dressées de feuilles vertes poilues opposées coiffées d'un bouquet de fleurs écarlate vif (roses ou blanches pour certains cultivars). Chaque pétale est profondément échancré, exactement comme une croix de Malte.

Cette vivace de culture très facile et à croissance rapide fleurit la première année à partir de semences. Elle se ressème un peu trop parfois. Utilisez du paillis pour en garder le contrôle.

Éphémérine

Tradescantia x *andersoniana*

Photo : www.jardinierparesseux.com

Nom anglais : Spiderwort.

Nom botanique : *Tradescantia* x *andersoniana.*

Hauteur : 60-75 cm.

Espacement : 60-90 cm.

Emplacement : Ensoleillé ou mi-ombragé.

Sol : Humide et riche en matière organique.

Floraison : De la mi-été jusqu'au début de l'automne.

Multiplication : Division ou semis au printemps.

Utilisation : Bordure, couvre-sol, massif, plate-bande, sous-bois ouvert, pré fleuri, pentes, endroits humides.

Zone de rusticité : 4.

Grâce à ses feuilles rubanées, l'éphémérine passe pour une graminée tant qu'elle n'a pas fleuri. Les fleurs à trois pétales ne durent qu'une seule journée, mais sont produites à répétition pendant tout l'été. Elles peuvent être bleues, violettes, roses, rouges, blanches ou bicolores.

Si la plante s'affaisse en plein été, rabattez-la à 2 cm du sol et elle repoussera rapidement pour poursuivre sa floraison le reste de l'été.

Épiaire laineux ou oreilles d'agneau

Stachys byzantina 'Silver Carpet'

Photo: www.jardinierparesseux.com

Nom anglais: Lamb's Ears.

Nom botanique: *Stachys byzantina*, anc. *Stachys lanata* et *Stachys olympica*.

Hauteur: 20-40 cm.

Espacement: 60 cm.

Emplacement: Au soleil.

Sol: Bien drainé et assez sec.

Floraison: Du milieu jusqu'à la fin de l'été.

Multiplication: Division au printemps.

Utilisation: Bordure, couvre-sol, massif, rocaille, murets, entre les dalles, plate-bande, bac, pentes.

Zone de rusticité: 3.

La feuille en forme d'oreille d'agneau est complètement couverte d'un épais duvet blanc. La feuille est aussi douce au toucher qu'elle en a l'air. Le feuillage est persistant et la plante, qui court lentement sur le sol, forme alors un beau tapis gris argenté. À partir du milieu de l'été, des tiges dressées laineuses se forment, portant de petites feuilles poilues et des verticilles de fleurs roses.

Épimède rouge

Epimedium x *rubrum*

Photo : www.jardinierparesseux.com

Nom anglais : Barrenwort.

Nom botanique : *Epimedium* x *rubrum.*

Hauteur : 15-30 cm.

Espacement : 30-45 cm.

Emplacement : Au soleil ou à l'ombre.

Sol : Bien drainé et humide.

Floraison : Au printemps.

Multiplication : Division au printemps.

Utilisation : Bordure, couvre-sol, massif, rocaille, murets, plate-bande, sous-bois, fleur coupée, fleur séchée.

Zone de rusticité : 3 ou 4.

Son feuillage divisé en 6 folioles est persistant et de couleur rouge pourpré aux nervures vert tendre au printemps, vert moyen luisant l'été puis reprend une teinte rougeâtre à l'automne. Les fleurs retombantes, rouge rosé avec de longs éperons, font penser à une fleur d'ancolie.

L'épimède pousse aussi bien à l'ombre qu'au soleil. Il est étonnamment résistant aux sols secs et envahis de racines. Sa croissance est lente.

Eupatoire maculée

Eupatorium maculatum

Photo: www.jardinierparesseux.com

Nom anglais: Joe Pye Weed.

Nom botanique: *Eupatorium maculatum*.

Hauteur: 1,5 à 2 m.

Espacement: 1 à 1,5 m.

Emplacement: Ensoleillé ou mi-ombragé.

Sol: Bien drainé, humide et riche en matière organique.

Floraison: Du milieu de l'été jusqu'à l'automne.

Multiplication: Division au printemps ou à l'automne.

Utilisation: Haie, massif, plate-bande, arrière-plan, sous-bois, pré fleuri, endroits humides, fleur coupée, fleur séchée.

Zone de rusticité: 2 à 4.

C'est une vivace gigantesque au port évasé arrondi. Les feuilles rugueuses sont arrangées en verticille autour de la tige par groupes de 4 à 5 et créent un très bel effet. À la fin de l'été, chaque tige de la plante se coiffe d'une énorme inflorescence en dôme aux boutons rose pourpre et aux fleurs plumeuses de presque la même couleur. Les fleurs sont comme des aimants pour les papillons.

Euphorbe coussin

Euphorbia polychroma

Photo: www.jardinierparesseux.com

Nom anglais : Spurge.

Nom botanique : *Euphorbia polychroma.*

Hauteur : 30 cm.

Espacement : 45 cm.

Emplacement : Ensoleillé ou mi-ombragé.

Sol : Bien drainé, ordinaire et plutôt sec.

Floraison : De la fin du printemps au début de l'été.

Multiplication : Division, bouturage des tiges ou semis au printemps.

Utilisation : Bordure, couvre-sol, massif, rocaille, murets, entre les dalles, plate-bande, pentes, fleur coupée.

Zone de rusticité : 3.

Cette plante forme un parfait petit coussin très fourni. Les petites feuilles en forme de cuiller sont vert-bleu pâle, puis celles de l'extrémité de la tige deviennent jaune chartreuse, à la floraison, pour mettre en valeur les petites fleurs de la même couleur. Il existe aussi des formes panachées et à feuillage pourpré.

Attention à sa sève laiteuse qui est irritante et même légèrement toxique.

Filipendule rouge

Filipendula rubra

Photo: www.jardinierparesseux.com

Nom anglais: Meadow Sweet.

Nom botanique: *Filipendula rubra.*

Hauteur: 120 à 180 cm.

Espacement: 60 à 120 cm.

Emplacement: Ensoleillé ou mi-ombragé.

Sol: Bien drainé, humide et riche en matière organique.

Floraison: Du début jusqu'au milieu de l'été.

Multiplication: Division ou semis au printemps.

Utilisation: En isolé, haie, massif, plate-bande, arrière-plan, sous-bois, pré fleuri, endroits humides, fleur coupée, fleur séchée.

Zone de rusticité: 3.

Il existe plusieurs espèces de filipendule, toutes à port presque arbustif. Les feuilles pennées sont souvent joliment plissées. Les petites fleurs rose vif ou blanches aux étamines proéminentes sont regroupées en panicules plumeuses, comme une astilbe géante.

Ce sont des plantes très vigoureuses, à croissance lente au début, mais éventuellement envahissantes: mieux vaut les planter à l'intérieur d'une barrière enfoncée dans le sol ou leur accorder beaucoup d'espace.

Gaillarde

Gaillardia x *grandiflora*

Photo : www.jardinierparesseux.com

Noms anglais : Blanketflower, Gaillardia.

Nom botanique : *Gaillardia* x *grandiflora*.

Hauteur : 15-90 cm.

Espacement : 45-60 cm.

Emplacement : Au soleil.

Sol : Très bien drainé.

Floraison : Du début de l'été jusqu'aux gels.

Multiplication : Division des plants et semis au printemps ou bouturage des racines à l'été.

Utilisation : Bordure, massif, rocaille, murets, plate-bande, pré fleuri, fleur coupée, fleur séchée.

Zone de rusticité : 2.

Les gaillardes ne sont presque jamais sans fleurs. La plante forme une rosette basse de feuilles vert moyen aux dents grossières, un peu comme un pissenlit un peu duveteux. Les inflorescences sont composées d'un disque central bombé généralement rouge et de rayons habituellement bicolores, rouges à pointe jaune. La hauteur varie selon le cultivar.

Les gaillardes ont une courte vie (3 à 5 ans), mais se multiplient facilement.

Galane

Chelone obliqua

Photo: www.jardinierparesseux.com

Nom anglais: Turtlehead.

Nom botanique: *Chelone.*

Hauteur: 60-90 cm.

Espacement: 60 cm.

Emplacement: Au soleil ou à l'ombre.

Sol: Très humide, voire détrempé, et riche en matière organique.

Floraison: Fin de l'été jusqu'à l'automne.

Multiplication: Division, semis ou bouturage des tiges au printemps.

Utilisation: Bordure, massif, plate-bande, sous-bois, pré fleuri, lieux humides, fleur coupée.

Zone de rusticité: 3.

La plante forme une touffe de tiges dressées portant de grandes feuilles lancéolées légèrement dentées et vert très foncé. De superbes fleurs roses se forment en épis denses au sommet des tiges à l'automne. Les fleurs sont essentiellement tubulaires, mais ont une forme très curieuse que d'aucuns comparent à une tête de tortue, d'où le nom grec *Chelone*, qui signifie tortue.

Gazon d'Espagne

Armeria maritima

Photo: www.jardinierparesseux.com

Nom anglais : Sea Thrift.

Nom botanique : *Armeria maritima.*

Hauteur : 15-20 cm.

Espacement : 30-90 cm.

Emplacement : Ensoleillé ou mi-ombragé.

Sol : Plutôt pauvre et sec.

Floraison : De la fin du printemps jusqu'à la mi-été.

Multiplication : Division à la fin de l'été ; semis à l'intérieur, à la fin de l'hiver, ou à l'extérieur, au printemps.

Utilisation : Bordure, couvre-sol, massif, rocaille, murets, entre les dalles, plate-bande, bac, pentes, fleur coupée, fleur séchée.

Zone de rusticité : 2.

Cette petite vivace forme un dôme aplati de feuilles persistantes vert foncé très étroites, d'où le nom «gazon d'Espagne». On le cultive surtout pour ses fleurs portées dans un bouquet globulaire à l'extrémité d'une courte tige dressée. Les fleurs peuvent être roses, rouges, pourprées ou blanches. De loin, elles ressemblent aux fleurs de la ciboulette (*Allium schoenoprasum*). On peut cultiver cette plante maritime en bordure de mer.

Géranium vivace

Geranium 'Rozanne'

Photo : www.jardinierparesseux.com

Nom anglais : Hardy Geranium.

Nom botanique : *Geranium*.

Hauteur : 15-90 cm.

Espacement : 30-75 cm.

Emplacement : Ensoleillé ou mi-ombragé.

Sol : Bien drainé et moyennement riche en matière organique.

Floraison : Variable, mais habituellement 2 ou 3 semaines en été. Du début jusqu'à la fin de l'été, pour certains cultivars.

Multiplication : Division des rejets apparaissant autour du plant mère au printemps ; marcottage à la mi-été ; bouturage au printemps.

Utilisation : Bordure, couvre-sol, en isolé, massif, rocaille, murets, plate-bande, sous-bois, endroits humides, fleur coupée.

Zone de rusticité : 3 ou 4, selon l'espèce.

Il faut distinguer entre les géraniums annuels de nos boîtes à fleurs (*Pelargonium*) qui ne sont nullement rustiques, et les vrais géraniums (*Geranium*) qui sont, pour la plupart, rustiques. Il en existe des centaines de variétés.

Il s'agit de vivaces d'allure frêle mais en fait solides, portant des feuilles en forme de feuille d'érable, souvent sur de minces tiges. Les fleurs à cinq pétales sont habituellement roses ou bleu violet.

Grande gypsophile ou souffle de bébé

Gypsophila paniculata

Nom anglais: Baby's Breath.

Nom botanique: *Gypsophila paniculata.*

Hauteur: 60-90 cm.

Espacement: 90 cm.

Emplacement: Au soleil.

Sol: Bien drainé et plutôt alcalin.

Floraison: Du début jusqu'à la fin de l'été.

Multiplication: Division des rejets ou semis au printemps; bouturage des tiges à l'été.

Utilisation: En isolé, plate-bande, pré fleuri, fleur coupée, fleur séchée.

Zone de rusticité: 4.

Les tiges minces portent une quantité importante de minuscules fleurs blanches ou rose pâle simples ou doubles qui font d'excellentes fleurs coupées fraîches ou séchées. Mais il ne faut pas voir cette plante uniquement comme une source de fleurs coupées, longues, étroites et bleu-vert.

Hélénie

Helenium automnale

Nom anglais: Sneezeweed.

Nom botanique: *Helenium* x.

Hauteur: 45-120 cm.

Espacement: 30-60 cm.

Emplacement: Au soleil.

Sol: Presque tous conviennent, mais les sols humides et riches en matière organique sont préférables.

Floraison: De la fin de l'été jusqu'aux gels.

Multiplication: Division ou semis au printemps.

Utilisation: En isolé, massif, plate-bande, arrière-plan, pré fleuri, coins humides, fleur coupée, fleur séchée.

Zone de rusticité: 3.

Les belles hélénies, ainsi nommées pour Hélène de Troie, sont des plantes dressées aux feuilles lancéolées et aux tiges ailées. Les fleurs sont petites mais nombreuses, formées d'un disque jaune ou brun en forme de boule entouré de rayons courts habituellement découpés à l'extrémité. Les couleurs vont de jaune à orange à acajou. Il existe plus de 75 cultivars: à vous de choisir!

Héliopside

Heliopsis helianthoides

Photo : www.jardinierparesseux.com

Nom anglais : Heliopsis, Ox-Eye.

Nom botanique : *Heliopsis helianthoides*.

Hauteur : 1,5-2 m.

Espacement : 90-120 cm.

Emplacement : Ensoleillé ou légèrement ombragé.

Sol : Ordinaire et bien drainé.

Floraison : Pendant tout l'été jusqu'à l'automne (pour les meilleures variétés).

Multiplication : Division ou semis au printemps.

Utilisation : Massif, plate-bande, arrière-plan, pré fleuri, fleur coupée, fleur séchée.

Zone de rusticité : 3.

Cette grande plante ressemble beaucoup au tournesol, d'où l'épithète *helianthoides*, comme un tournesol. Ses tiges dressées produisent des feuilles vert foncé rugueuses. Les inflorescences se succèdent jusqu'à 12 semaines. Les fleurs ont un disque central bombé jaune-brun entouré d'une rangée de rayons jaunes ; le disque des fleurs semi-doubles ou doubles n'est pas toujours visible. Sa culture est des plus faciles, mais attention au blanc en fin de saison.

Hellébore ou rose de Noël

Helleborus x

Photo : www.jardinierparesseux.com

Nom anglais : Christmas Rose.

Nom botanique : *Helleborus* x.

Hauteur : 20-30 cm.

Espacement : 30 cm.

Emplacement : Mi-ombragé ou ombragé.

Sol : Bien drainé, humide et riche en matière organique.

Floraison : Tôt au printemps.

Multiplication : Division ou semis au printemps.

Utilisation : Bordure, rocaille, plate-bande, sous-bois.

Zone de rusticité : 3 à 5.

Les hellébores sont les vivaces les plus précoces, d'où le nom «rose de Noël». Dans nos régions, elles ne fleurissent toutefois pas à Noël, mais à la fonte des neiges. Les fleurs, en forme de coupe penchée, durent 3 mois, mais ne gardent pas leur couleur tout ce temps : elles passent du blanc, du rose ou du pourpre, selon le cultivar, et enfin au vert. Les feuilles persistantes sont d'un vert très foncé et elles sont palmées.

Hémérocalle

Hemerocallis 'Happy Returns'

Nom anglais : Daylily.

Nom botanique : *Hemerocallis* x.

Hauteur : 25-120 cm.

Espacement : 60-90 cm.

Emplacement : Ensoleillé ou mi-ombragé.

Sol : Bien drainé et modérément riche en matière organique.

Floraison : Estivale (la période exacte varie selon le cultivar).

Multiplication : Division au printemps ou après la floraison.

Utilisation : Bordure, couvre-sol, en isolé, haie, massif, rocaille, murets, plate-bande, pré fleuri, bac, pentes, endroits humides, fleur coupée.

Zone de rusticité : 3

La plante forme des touffes de feuilles linéaires arquées, un peu comme une graminée ornementale. Les fleurs sont en forme de trompette et ne durent normalement qu'une journée, mais sont produites en abondance. Elles peuvent être jaunes, orange, pourpres, blanc crème, roses, presque rouges… ou bi- ou trico-lores. La plupart des hémérocalles fleurissent pendant 2 ou 3 semaines, mais certains hybrides, comme le célèbre 'Stella de Oro', fleurissent tout l'été.

Herbe aux écus

Lysimachia nummularia

Photo: www.jardinierparesseux.com

Nom anglais: Moneywort.

Nom botanique: *Lysimachia nummularia*.

Hauteur: 5-10 cm.

Espacement: Illimité.

Emplacement: Ensoleillé ou mi-ombragé.

Sol: Ordinaire ou humide, voire détrempé.

Floraison: De la fin du printemps jusqu'à la fin de l'été.

Multiplication: Division, marcottage ou bouturage des tiges en toute saison.

Utilisation: Bordure, couvre-sol, massif, rocaille, murets, entre les dalles, plate-bande, bac, pentes, lieux humides.

Zone de rusticité: 3.

Cette petite plante rampante fait un excellent couvre-sol, car elle forme un tapis très bas et égal. Ses feuilles presque rondes sur de longues tiges filiformes la rendent attrayante en tout temps et ses fleurs jaune vif en coupe sont produites abondamment à la fin du printemps avec une certaine floraison par la suite. Il est facile d'en faire des plants pour les paniers et bacs estivaux. Attention, cependant, elle est très envahissante.

Heuchère sanguine

Heuchera x

Photo : www.jardinierparesseux.com

Nom anglais : Heuchera, Alumroot.

Nom botanique : *Heuchera* x.

Hauteur : 45-60 cm.

Espacement : 30-45 cm.

Emplacement : Ensoleillé ou légèrement ombragé.

Sol : Bien drainé, plutôt humide et riche en matière organique.

Floraison : De la fin du printemps jusqu'au milieu ou à la fin de l'été (selon le cultivar).

Multiplication : Division au printemps ou après la floraison ; bouturage des tiges et des feuilles à l'été ; semis à l'intérieur, à la fin de l'hiver, ou à l'extérieur, au printemps.

Utilisation : Bordure, couvre-sol, massif, rocaille, murets, plate-bande, fleur coupée.

Zone de rusticité : 3 ou 4.

Avec son feuillage persistant formant une rosette parfaite, l'heuchère est toujours belle. Certaines variétés surtout cultivées pour leurs fleurs, des épis étroits rouges, roses ou blancs, sont en floraison tout l'été ; leurs feuilles sont normalement vertes. Les variétés à feuillage coloré (pourpre, brun, orange, rouge, vert lime, etc., souvent rehaussé d'argent) ont rarement des fleurs intéressantes et durables, mais sont attrayantes toute l'année.

Hibiscus vivace

Hibiscus moscheutos

Nom anglais : Perennial Hibiscus.

Nom botanique : *Hibiscus moscheutos*.

Hauteur : 45-180 cm.

Espacement : 60-120 cm.

Emplacement : Ensoleillé.

Sol : Humide à très humide, moyennement riche en matière organique.

Floraison : À la toute fin de l'été et au début de l'automne.

Multiplication : Semences à l'intérieur en février. Boutures de tige l'été.

Utilisation : Arrière-plan, en isolé, haie, massif, plate-bande, jardin d'eau.

Zone de rusticité : 5 (avec protection).

Les énormes fleurs de l'hibiscus vivace (jusqu'à 30 cm de diamètre !) impressionnent toujours : elles ressemblent à de grosses soucoupes paraboliques blanches, roses ou rouges, souvent avec un œil rouge. Chaque fleur ne dure toutefois qu'une journée. La plante ressemble à un arbuste avec des tiges semi-ligneuses et de grosses feuilles. Un emplacement protégé du vent et un bon paillis hivernal sont essentiels pour cette plante très frileuse !

Hosta

Hosta cv

Nom anglais : Hosta.

Nom botanique : *Hosta* x.

Hauteur : 10-120 cm.

Espacement : 25-200 cm.

Emplacement : Ensoleillé jusqu'à ombragé.

Sol : Humide, mais bien drainé et moyennement riche en matière organique.

Floraison : En été.

Multiplication : Division au printemps.

Utilisation : Bordure, couvre-sol, en isolé, haie, massif, rocaille, plate-bande, sous-bois, bac, pentes, fleur coupée.

Zone de rusticité : 3.

On cultive le hosta avant tout pour son port et son feuillage. Il forme un dôme de feuilles arquées de taille variable. Les feuilles peuvent varier de rondes ou cordiformes à lancéolées, même linéaires, et viennent dans des teintes vertes, bleutées, « dorées » (vert lime à chartreuse) ou bicolores (panachées). Les fleurs sont de simples entonnoirs blancs ou violets. Recherchez un cultivar résistant aux limaces.

Iris de Sibérie

Iris sibirica

Photo : www.jardinierparesseux.com

Nom anglais : Siberian Iris.

Nom botanique : *Iris sibirica.*

Hauteur : 60-120 cm.

Espacement : 30-60 cm.

Emplacement : Ensoleillé ou très légèrement ombragé.

Sol : Riche en matière organique et humide, de préférence.

Floraison : Au début de l'été.

Multiplication : Division au printemps ou à l'automne.

Utilisation : Bordure, en isolé, massif, rocaille, murets, plate-bande, pré fleuri, bac, pentes, lieux humides, fleur coupée.

Zone de rusticité : 2 à 6.

Les fleurs s'épanouissent au début de l'été. La gamme de couleurs comprend le bleu, le violet, le pourpre, le blanc, le jaune et le rose ; la fleur est presque toujours marquée de blanc ou de jaune. Après la floraison, l'iris de Sibérie continue de plaire avec ses feuilles étroites et arquées, rappelant alors une graminée.

S'il préfère les sols humides, il tolère très bien la sécheresse.

Iris des jardins

Iris x *germanica*

Nom anglais : Bearded Iris.

Nom botanique : *Iris* x *germanica*.

Hauteur : 20-95 cm.

Espacement : 30-45 cm.

Emplacement : Ensoleillé ou mi-ombragé.

Sol : Riche en matière organique et humide, de préférence.

Floraison : Au début de l'été.

Multiplication : Division à la fin de l'été ou l'automne.

Utilisation : Bordure, en isolé, massif, plate-bande, pré fleuri, lieux humides, fleur coupée.

Zone de rusticité : 3.

Ses énormes et spectaculaires fleurs printanières offertes dans une vaste gamme de couleurs – blanc, jaune, orange, rose, pourpre, violet, etc. – sont son unique attrait. Son feuillage ensiforme se dégrade rapidement après la floraison et on le coupe à la mi-été. Il faut donc placer cette plante là où son apparence estivale peu attrayante ne dérangera pas trop. Attention au perceur de l'iris qui fait pourrir son grand rhizome.

Joubarbe

Sempervivum 'Red'

Photo: www.jardinierparesseux.com

Nom anglais: Hens and chicks, houseleek.

Nom botanique: *Sempervivum.*

Hauteur: 3-8 cm.

Espacement: 20-30 cm.

Emplacement: Au soleil.

Sol: Extrêmement bien drainé et plutôt pauvre.

Floraison: Au milieu de l'été.

Multiplication: Division des rejets marcottés au printemps ou à l'été.

Utilisation: Bordure, couvre-sol, massif, rocaille, murets, entre les dalles, plate-bande, bac, pentes, fleur séchée.

Zone de rusticité: 3.

La plante forme une rosette dense et basse de feuilles charnues et pointues. Il existe une foule d'espèces et de variétés, à petites ou à grosses rosettes, à feuilles hirsutes ou lisses, à feuilles vertes, pourpres, argentées ou bicolores, etc. La rosette forme une épaisse tige florale aux fleurs étoilées blanches, jaunes, roses ou rouges. La rosette meurt après la floraison, mais non sans laisser des rosettes de remplacement.

Lamier maculé

Lamium maculatum

Nom anglais: Spotted Deadnettle, Lamium.

Nom botanique: *Lamium maculatum*.

Hauteur: 15-45 cm.

Espacement: 60-90 cm (ou plus).

Emplacement: Au soleil ou à l'ombre.

Sol: Bien drainé, humide et riche en matière organique.

Floraison: Du printemps jusqu'au milieu de l'été.

Multiplication: Division des rejets ou bouturage des tiges au printemps ou à l'été.

Utilisation: Bordure, couvre-sol, massif, rocaille, murets, entre les dalles, plate-bande, sous-bois, bac, pentes.

Zone de rusticité: 3.

Le lamier maculé produit des tiges dressées à l'extrémité mais couchées au sol à la base. Cela donne des plantes peu hautes, mais qui élargissent constamment, car les tiges s'enracinent là où elles touchent au sol. Il peut être envahissant.

Le feuillage persistant est composé de feuilles cordiformes vertes marbrées d'argent. Les petites fleurs à capuchon viennent dans une vaste gamme de violets, lavandes, roses et blancs, selon le cultivar.

Liatride à épis

Liatris spicata

Nom anglais : Gayfeather, Blazing Star.

Nom botanique : *Liatris spicata*.

Hauteur : 60-120 cm.

Espacement : 45 cm.

Emplacement : Ensoleillé ou légèrement ombragé.

Sol : Bien drainé, humide et riche en matière organique.

Floraison : Du milieu jusqu'à la fin de l'été.

Multiplication : Division des tubercules ou semis au printemps.

Utilisation : En isolé, massif, plate-bande, arrière-plan, pré fleuri, endroits humides, fleur coupée, fleur séchée.

Zone de rusticité : 3.

On reconnaît la liatride à son feuillage lancéolé très abondant sur des tiges dressées, ce qui la fait passer pour un lis (*Lilium*) quand elle n'est pas encore en fleurs. Ses épis plumeux sont roses ou blancs. Curieusement, la floraison commence au sommet de l'épi, puis descend. Il existe de grandes variétés et des variétés naines.

Contrairement à la plupart des vivaces, la liatride pousse à partir d'un cormus.

Ligulaire à épis

Ligularia stenocephala
'The Rocket'

Photo : www.jardinierparesseux.com

Nom anglais : Narrow-spiked Ligularia.

Nom botanique : *Ligularia stenocephala.*

Hauteur : 120-180 cm.

Espacement : 60-120 cm.

Emplacement : Ensoleillé ou mi-ombragé.

Sol : Frais, humide et riche en matière organique.

Floraison : Du milieu jusqu'à la fin de l'été.

Multiplication : Division ou semis au printemps.

Utilisation : En isolé, haie, massif, plate-bande, arrière-plan, sous-bois, pré fleuri, pentes, lieux humides, fleur coupée.

Zone de rusticité : 4.

Avec son feuillage joliment découpé sur des pétioles pourpres, la ligulaire à épis n'a même pas besoin de fleurs, mais ses hauts épis de fleurs jaunes ajoutent quand même un joli effet. Sa cousine très similaire, la ligulaire de Przewalski (*L. przewalksii*) est plus courte (90 à 120 cm).

Les ligulaires aiment bien un sol humide. Plantez-les en marge de l'eau ou dans un sol riche et humide, bien paillé.

Ligulaire dentée

Ligularia dentata 'Desdemona'

Photo: www.jardinierparesseux.com

Nom anglais: Bigleaf Ligularia.

Nom botanique: *Ligularia dentata.*

Hauteur: 90-180 cm.

Espacement: 60-120 cm.

Emplacement: Ensoleillé ou mi-ombragé.

Sol: Frais, humide et riche en matière organique.

Floraison: Du milieu jusqu'à la fin de l'été.

Multiplication: Division ou semis au printemps.

Utilisation: En isolé, haie, massif, plate-bande, arrière-plan, sous-bois, pré fleuri, pentes, lieux humides, fleur coupée.

Zone de rusticité: 4.

Ne cherchez pas une ligulaire dentée à feuilles vertes: les cultivars présentement sur le marché sont tous à feuilles pourprées: légèrement pourprées pour 'Desdemona' et 'Othello', très pourprées pour 'Britt Marie Crawford'. Et on les cultive surtout pour leurs grosses feuilles (jusqu'à 50 cm) en forme de cœur. Du moins, jusqu'à ce qu'elles fleurissent vers la fin de l'été, produisant de hautes tiges coiffées de marguerites jaune orangé.

Lupin

Lupinus x

Photo : www.jardinierparesseux.com

Nom anglais : Lupin.

Nom botanique : *Lupinus* x.

Hauteur : 45-120 cm.

Espacement : 45-60 cm.

Emplacement : Ensoleillé.

Sol : Tout sol bien drainé, même pauvre.

Floraison : Début de l'été.

Multiplication : Semis au printemps.

Utilisation : En isolé, haie, massif, plate-bande, arrière-plan, pré fleuri, fleur coupée.

Zone de rusticité : 3.

Le lupin produit des feuilles digitées très attrayantes et de hauts épis de fleurs généralement bicolores dans une vaste gamme de couleurs : violet, blanc, rose, jaune, rouge, etc.

Cette plante de climat frais (le parent principal de cette vivace hybride est *Lupinus polyphyllus*, de l'Alaska) déteste les étés chauds et succombe assez rapidement aux maladies et aux insectes en zone 5. En zone 3, par contre, elle pousse à la perfection.

Lysimaque ponctuée

Lysimachia punctata

Photo : Jeffries Nurseries

Nom anglais : Yellow Loosestrife.

Nom botanique : *Lysimachia punctata.*

Hauteur : 100 cm.

Espacement : Illimité.

Emplacement : Ensoleillé ou mi-ombragé.

Sol : Bien drainé, humide et moyennement riche en matière organique.

Floraison : Du début à la mi-été.

Multiplication : Division ou semis au printemps ou à l'automne.

Utilisation : Bordure, couvre-sol, en isolé, massif, plate-bande, sous-bois, pré fleuri, endroits humides, fleur coupée.

Zone de rusticité : 4.

Il s'agit d'une vivace aux tiges dressées portant de petites feuilles vert mat et, vers le sommet, des verticilles de fleurs jaunes en forme de coupe. Les fleurs sont voyantes et persistent pendant presque 8 semaines. La lysimaque ponctuée fait un excellent couvre-sol pour un emplacement humide, mais ses rhizomes vagabonds sont très difficiles à contrôler. Il importe de la planter à l'intérieur d'une barrière enfoncée dans le sol.

Marguerite

Leucanthemum 'Becky'

Photo : www.jardinierparesseux.com

Nom anglais : Shasta Daisy.

Nom botanique : *Leucanthemum* x *superbum*, anc. *Chrysanthemum* x *superbum* ou *Chrysanthemum maximum.*

Hauteur : 30-90 cm.

Espacement : 30-90 cm.

Emplacement : Ensoleillé ou mi-ombragé.

Sol : Divers.

Floraison : Du début jusqu'au milieu de l'été.

Multiplication : Division ou semis au printemps.

Utilisation : Bordure, massif, rocaille, murets, plate-bande, pré fleuri, pentes, fleur coupée.

Zone de rusticité : 3 ou 4.

Cette version améliorée de la marguerite des champs produit des fleurs plus grosses, mais de forme identique : un disque central jaune entouré de rayons blanc pur. Il en existe des dizaines de cultivars : hauts, bas, à fleurs simples, semi-doubles, doubles, à pétales frangés ou tubulaires et même, tout récemment, à rayons jaune crème. Les feuilles lancéolées vert foncé sont surtout concentrées à la base de la plante.

Mauve musquée

Malva moschata

Nom anglais : Musk Mallow.

Nom botanique : *Malva moschata*.

Hauteur : 60 cm.

Espacement : 50 cm.

Emplacement : Au soleil.

Sol : Bien drainé, voire assez sec et pauvre.

Floraison : Du début jusqu'à la fin de l'été.

Multiplication : Division ou semis au printemps ou à l'automne.

Utilisation : Bordure, plate-bande, pré fleuri, fleur coupée.

Zone de rusticité : 3.

C'est une vivace d'allure arbustive, avec des tiges dressées ramifiées et des feuilles un peu découpées (à la base) à très découpées (vers le sommet). Les feuilles dégagent une odeur musquée quand on les froisse. Les fleurs, grosses et nombreuses, à 4 pétales triangulaires encochés à l'extrémité, se succèdent durant la majeure partie de l'été. Elles sont roses ou blanches.

Elle préfère les sols bien drainés.

Monarde hybride

Monarda 'Petite Delight'

Photo : www.jardinierparesseux.com

Nom anglais : Beebalm.

Nom botanique : *Monarda* x.

Hauteur : 45-120 cm.

Espacement : 30-90 cm.

Emplacement : Ensoleillé ou mi-ombragé.

Sol : Bien drainé, humide et très riche en matière organique.

Floraison : Pendant presque tout l'été.

Multiplication : Division, boutures de tige ou semis au printemps.

Utilisation : En isolé, massif, plate-bande, sous-bois, pré fleuri, lieux humides, fleur coupée, fleur séchée.

Zone de rusticité : 3.

Il s'agit d'une plante dressée aux feuilles opposées aromatiques et portant, durant une bonne partie de l'été, des fleurs ébouriffées aromatiques rouges, roses, violettes ou blanches qui attirent colibris et papillons. Il faut choisir un cultivar résistant au blanc comme 'Gardenview Scarlet', 'Jacob Cline', 'Petite Delight', 'Petite Wonder' ou 'Scorpio'.

Contrôlez la tendance envahissante des grandes variétés en les plantant à l'intérieur d'une barrière. Assurez une humidité égale.

Népéta hybride

Nepeta x faassenii

Photo : www.jardinierparesseux.com

Nom anglais : Catmint.

Nom botanique : *Nepeta x faassenii*.

Hauteur : 30-60 cm.

Espacement : 30-60 cm.

Emplacement : Ensoleillé ou mi-ombragé.

Sol : Bien drainé et moyennement riche en matière organique.

Floraison : Du début jusqu'à la fin de l'été.

Multiplication : Division au printemps ; bouturage des tiges à l'été.

Utilisation : Bordure, couvre-sol, massif, rocaille, murets, plate-bande, sous-bois, bac.

Zone de rusticité : 4.

C'est une jolie petite plante délicieusement parfumée (sentant la menthe) et formant des touffes denses aux petites feuilles un peu argentées et aux multiples épis de petites fleurs bleu lavande durant presque tout l'été.

Évitez les sols trop riches où la plante pousse trop lâchement.

On appelle aussi cette plante « herbe aux chats » : protégez la plante des félins après la plantation ou la taille, sinon ils l'arracheront !

Œillet

Dianthus gratianopolitanus

Photo: Jeffries Nurseries

Nom anglais: Garden Pink.

Nom botanique: *Dianthus* spp.

Hauteur: 10-45 cm.

Espacement: 20-45 cm.

Emplacement: Ensoleillé ou mi-ombragé.

Sol: Très bien drainé, modérément riche en matière organique et alcalin plutôt qu'acide.

Floraison: La période varie.

Multiplication: Division, marcottage, semis ou bouturage des tiges au printemps.

Utilisation: Bordure, couvre-sol, massif, rocaille, murets, entre les dalles, plate-bande, bac, pentes, fleur coupée.

Zone de rusticité: 2 à 4.

Il existe plus de 300 espèces d'œillet et autant sinon plus d'hybrides. Il s'agit, pour la plupart, de petites plantes poussant en touffes avec des feuilles étroites et pointues vertes ou grisâtres, ressemblant alors à une graminée. Les fleurs à cinq pétales sont souvent frangées et peuvent être blanches, roses, rouges ou bicolores, souvent avec un «œil» très distinct, d'où le nom commun œillet. Elles sont souvent parfumées.

Onagre frutescente

Œnothera fruticosa

Photo : www.jardinierparesseux.com

Nom anglais : Common Sundrop.

Nom botanique : *Œnothera fruticosa,* syn. *Œnothera tetragona.*

Hauteur : 40-60 cm.

Espacement : 30-40 cm.

Emplacement : Ensoleillé.

Sol : Bien drainé.

Floraison : Du début jusqu'à la fin de l'été.

Multiplication : Division ou bouturage des tiges au printemps ; semis au printemps ou à l'été.

Utilisation : Bordure, couvre-sol, massif, rocaille, murets, plate-bande, pré fleuri, fleur coupée.

Zone de rusticité : 3.

Le mot « frutescent » signifie « petit arbuste » et c'est bien le port de l'onagre frutescente, avec ses tiges dressées. Elles sont vertes ou rougeâtres selon le cultivar et les boutons floraux aussi peuvent être roussâtres. Les feuilles lancéolées, par contre, sont bien vertes et les fleurs à quatre pétales larges, d'un jaune franc sans la moindre trace de rouge. Elles se succèdent durant presque tout l'été.

Pachysandre du Japon

Pachysandra terminalis

Photo: www.jardinierparesseux.com

Nom anglais: Japanese Pachysandra.

Nom botanique: *Pachysandra terminalis.*

Hauteur: 20-30 cm.

Espacement: 40 cm.

Emplacement: Mi-ombragé ou ombragé.

Sol: Bien drainé, humide et riche en matière organique (les sols très acides conviennent).

Floraison: Au printemps, mais sans grand attrait.

Multiplication: Division ou bouturage des tiges au printemps ou au début de l'été.

Utilisation: Bordure, couvre-sol, massif, rocaille, murets, entre les dalles, plate-bande, sous-bois, pentes.

Zone de rusticité: 4.

C'est une plante aux tiges dressées courtes et aux feuilles persistantes vert très foncé groupées à l'extrémité. La plante forme aussi des tiges horizontales souterraines qui sortent près de la plante-mère, créant un tapis dense et égal. Il existe aussi des cultivars à feuillage luisant ou panaché. Les épis terminaux de fleurs blanc crème assez parfumées sont toutefois petits et peu voyants.

Un excellent couvre-sol pour l'ombre!

Pavot d'Islande

Papaver nudicaule

Nom anglais : Iceland Poppy.

Nom botanique : *Papaver nudicaule*.

Hauteur : 25-45 cm.

Espacement : 25-30 cm.

Emplacement : Ensoleillé ou légèrement ombragé.

Sol : Bien drainé (un sol sec s'avère acceptable).

Floraison : Du début jusqu'à la fin de l'été.

Multiplication : Semis à l'automne.

Utilisation : Bordure, massif, rocaille, murets, entre les dalles, plate-bande, fleur coupée.

Zone de rusticité : 1.

Il forme une rosette basse composée de feuilles découpées gris-vert. Des tiges dressés, sans feuilles, et portant un seul bouton floral, se succèdent durant tout l'été. La fleur, qui a jusqu'à 15 cm de diamètre, peut être blanche, rose, orange, jaune, rouge ou bicolore ; simple, semi-double ou double.

Dans les régions à étés chauds, le pavot d'Islande est à peine plus qu'une bisannuelle ; il est bien pérenne ailleurs.

65

Pavot d'Orient

Papaver orientalis 'Patty's Plum'

Photo : Jeffries Nurseries

Nom anglais : Oriental Poppy.

Nom botanique : *Papaver orientalis.*

Hauteur : 60-120 cm.

Espacement : 45-60 cm.

Emplacement : Au soleil.

Sol : Bien drainé et riche en matière organique.

Floraison : Au début de l'été.

Multiplication : Division ou bouturage des racines à la fin de l'été ; semis au printemps (après avoir passé quelques jours au congélateur) ou à l'automne.

Utilisation : Plate-bande, arrière-plan, pré fleuri, fleur coupée, fleur séchée.

Zone de rusticité : 2.

Ses fleurs en coupe, simples, semi-doubles ou doubles, à pétales entiers ou frangés, sont gigantesques (15 à 20 cm) et dans une vaste gamme de couleurs : rouge, orange, rose, blanc et pourpre. Souvent les fleurs ont de grosses taches noires à l'intérieur.

Les feuilles découpées et très poilues commencent à pousser à l'automne, puis finissent leur développement au printemps. Elles jaunissent et entrent en dormance l'été.

Pétasite géant

Petasites japonicus giganteus

Photo : www.jardinierparesseux.com

Nom anglais : Butterbur.

Nom botanique : *Petasites japonicus giganteus*.

Hauteur : 90-120 cm.

Espacement : 90 cm.

Emplacement : Ensoleillé ou mi-ombragé.

Sol : Humide et riche en matière organique.

Floraison : Au printemps.

Multiplication : Division ou bouturage des racines au printemps.

Utilisation : En isolé, haie, massif, plate-bande, arrière-plan, sous-bois, pentes, lieux humides.

Zone de rusticité : 3.

Les énormes feuilles en forme de siège de tracteur peuvent atteindre 90 cm et plus. Au Japon, où la plante est indigène, les enfants les utilisent comme parapluies.

Les denses grappes de fleurs jaune pâle apparaissent tôt au printemps, directement du sol.

La plante est très envahissante et demande un contrôle constant. C'est une plante de marécage qui n'est pas heureuse si son sol s'assèche.

Petite pervenche

Vinca minor Atropurpurea

Photo: www.jardinierparesseux.com

Nom anglais: Common Periwinkle.

Nom botanique: *Vinca minor.*

Hauteur: 10 cm.

Espacement: 90 cm et plus.

Emplacement: Au soleil ou à l'ombre.

Sol: Bien drainé, humide et riche en matière organique.

Floraison: De la fin du printemps jusqu'au début de l'été.

Multiplication: Division ou marcottage au printemps; bouturage des tiges à la fin de l'été.

Utilisation: Bordure, couvre-sol, massif, rocaille, murets, entre les dalles, plate-bande, sous-bois, bac, pentes, lieux humides.

Zone de rusticité: 4 et même 3, s'il y a une bonne couverture de neige.

La petite pervenche est une plante tapissante très populaire pour les lieux ombragés, mais qui pousse bien au soleil aussi. Ses petites feuilles vertes sont reluisantes et persistantes, parfois panachées. Les fleurs solitaires, assez grosses par rapport à la taille de la plante, apparaissent à l'aisselle des feuilles. Elles sont bleu violacé ou blanches. Elles sont surtout abondantes au printemps, mais la plante fleurit sporadiquement pendant l'été aussi.

Phlox des jardins

Phlox paniculata

Photo : www.jardinierparesseux.com

Nom anglais : Garden Phlox.

Nom botanique : *Phlox paniculata.*

Hauteur : 90-120 cm.

Espacement : 45-60 cm.

Emplacement : Ensoleillé ou légèrement ombragé.

Sol : Bien drainé et assez riche en matière organique.

Floraison : De la mi-été jusqu'au début de l'automne.

Multiplication : Division des rejets au printemps ; bouturage des tiges non fleuries en été.

Utilisation : Plate-bande, arrière-plan, sous-bois, pré fleuri, fleur coupée.

Zone de rusticité : 3.

Le phlox des jardins pousse en touffes et porte des tiges dressées aux feuilles étroites et vert moyen, parfois panachées. Il produit de larges grappes arrondies de jolies fleurs parfumées, blanches, roses, rouges, violettes et mauves du milieu jusqu'à la fin de l'été, parfois jusqu'à l'automne.

Certains cultivars sont très sujets au blanc ; mieux vaut les éliminer en faveur des variétés résistantes à cette maladie.

Phlox mousse

Phlox subulata

Photo : www.jardinierparesseux.com

Nom anglais : Moss Phlox.

Nom botanique : *Phlox subulata*.

Hauteur : 7,5-20 cm.

Espacement : 50-90 cm.

Emplacement : En plein soleil ou à l'ombre légère.

Sol : Bien drainé et riche en matière organique.

Floraison : À la fin du printemps et au début de l'été.

Multiplication : Marcottage ou division en tout temps ; bouturage à l'automne.

Utilisation : Bordure, couvre-sol, massif, rocaille, murets, entre les dalles, plate-bande, bac, pentes.

Zone de rusticité : 2.

On peut difficilement imaginer que cette petite plante rampante est un cousin du grand phlox des jardins (fiche précédente). Il forme un tapis aplati, même pleureur si on le plante sur un muret, de tiges rampantes, le tout couvert de feuilles étroites et pointues, presque des aiguilles. Au printemps, la plante au complet se couvre de fleurs en trompette roses, rouges, violettes, lavande ou blanches, parfois bicolores.

Physostégie

Physostegia virginiana
'Variegata'

Photo : www.jardinierparesseux.com

Nom anglais : Obedience Plant.

Nom botanique : *Physostegia virginiana.*

Hauteur : 45-90 cm.

Espacement : 60-90 cm.

Emplacement : Ensoleillé ou mi-ombragé.

Sol : Ordinaire, bien drainé et plutôt humide.

Floraison : De la fin de l'été jusqu'à l'automne.

Multiplication : Division ou semis au printemps ; bouturage des tiges en été.

Utilisation : Massif, plate-bande, arrière-plan, sous-bois, pré fleuri, endroits humides, fleur coupée, fleur séchée (tiges florales avec capsules de graines).

Zone de rusticité : 2.

La physostégie est une plante indigène aux tiges carrées et aux feuilles vert foncé longues et étroites (panachées sur certains cultivars). Les fleurs sont roses ou blanches, un peu en forme de gueule-de-loup (*Antirrhinum*). On peut les déplacer à gauche ou à droite et elles garderont leur nouvelle position, d'où le nom « fleur charnière ».

Mettez cette plante envahissante à l'intérieur d'une barrière enfoncée dans le sol.

Pied-d'alouette

Delphinium x

Nom anglais : Delphinium.

Nom botanique : *Delphinium* x.

Hauteur : 90-180 cm.

Espacement : 45-60 cm.

Emplacement : Ensoleillé ou mi-ombragé.

Sol : Bien drainé, modérément riche en matière organique et alcalin plutôt qu'acide.

Floraison : Du début au milieu de l'été.

Multiplication : Semis ou bouturage de tiges basales au printemps.

Utilisation : Haie, massif, plate-bande, arrière-plan, sous-bois, pré fleuri, endroits humides, fleur coupée, fleur séchée.

Zone de rusticité : 3.

Cette grande plante porte des épis dressés densément couverts de fleurs simples ou doubles bleues, violettes, roses ou blanches, souvent avec un œil contrastant. Les feuilles basales sont grosses et fortement découpées. Si vous supprimez la tige florale après la floraison, il y a parfois une deuxième floraison, de moindre vigueur, à l'automne.

Un bon tuteurage est obligatoire. Le delphinium déteste les étés chauds et disparaît rapidement dans un tel climat.

Pivoine commune

Paeonia lactiflora

Photo : www.jardinierparesseux.com

Nom anglais : Common Peony.

Nom botanique : *Paeonia lactiflora.*

Hauteur : 75-120 cm.

Espacement : 90 cm.

Emplacement : En plein soleil ou légèrement ombragé.

Sol : Bien drainé et riche en matière organique.

Floraison : À la fin du printemps.

Multiplication : Par sections de racines comportant un ou plusieurs bourgeons, tôt au printemps ou à l'automne.

Utilisation : Bordure, en isolé, haie, massif, rocaille, plate-bande, fleur coupée, fleur séchée.

Zone de rusticité : 3.

La pivoine forme un dôme arrondi de tiges dressées portant des feuilles découpées lisses et luisantes. Les fleurs printanières en forme de coupe sont grosses et parfois très parfumées. Elles peuvent être simples, semi-doubles, doubles ou « japonaises » (avec un amas d'étamines modifiées au centre) et blanches, roses ou rouges. Quelques variétés hybrides ont des fleurs jaunes.

Recherchez des pivoines à tige solide qui n'ont pas besoin de tuteur.

Platycodon

Platycodon grandiflorus

Nom anglais : Balloonflower.

Nom botanique : *Platycodon grandiflorus.*

Hauteur : 25-75 cm.

Espacement : 30-60 cm.

Emplacement : Ensoleillé ou mi-ombragé.

Sol : Bien drainé, humide et riche en matière organique.

Floraison : Du milieu jusqu'à la fin de l'été.

Multiplication : Division ou semis au printemps.

Utilisation : Bordure, massif, rocaille, murets, plate-bande, arrière-plan, pré fleuri, pentes, fleur coupée.

Zone de rusticité : 3.

Cette plante est une proche parente des campanules (*Campanula* spp.). Elle forme une touffe de tiges dressées portant de gros boutons floraux enflés comme un ballon. La fleur est en forme de coupe et peut être violette, blanche ou rose. Certains ont des fleurs doubles.

C'est une plante à croissance lente qui n'aime pas les dérangements. Marquez bien son emplacement à l'automne, car elle apparaît lentement au printemps.

Polémoine bleue

Polemonium caeruleum

Photo: www.jardinierparesseux.com

Nom anglais: Jacob's Ladder.

Nom botanique: *Polemonium.*

Hauteur: 20-60 cm.

Espacement: 45-60 cm.

Emplacement: Ensoleillé ou mi-ombragé.

Sol: Bien drainé, humide et moyennement riche en matière organique.

Floraison: Du début jusqu'au milieu de l'été.

Multiplication: Division au printemps ou à la fin de l'été; bouturage des tiges après la floraison; semis au printemps.

Utilisation: Bordure, couvre-sol, massif, rocaille, murets, plate-bande, pré fleuri, fleur coupée.

Zone de rusticité: 2.

Le nom coloré «échelle de Jacob» vient des feuilles pennées. La plante forme une touffe dressée de feuilles portant plusieurs tiges florales droites, peu feuillues. Vers le début de l'été, elle produit des bouquets de fleurs parfumées bleu violacé à cinq pétales et aux étamines jaunes. Il existe aussi des cultivars à fleurs bleu azur, blanches et même roses ainsi que des cultivars à feuillage panaché.

Potentille vivace

Potentilla spp.

Photo: www.jardinierparesseux.com

Nom anglais: Cinquefoil.

Nom botanique: *Potentilla* spp.

Hauteur: 15-45 cm.

Espacement: 45-60 cm.

Emplacement: Ensoleillé ou légèrement ombragé.

Sol: Bien drainé, pauvre et plutôt sec.

Floraison: Du début jusqu'à la fin de l'été.

Multiplication: Division au printemps ou à l'automne; semis à l'intérieur, à la fin de l'hiver, ou à l'extérieur, au printemps.

Utilisation: Bordure, couvre-sol, massif, rocaille, murets, entre les dalles, plate-bande, pré fleuri, fleur coupée.

Zone de rusticité: 4.

Il s'agit de vivaces à feuilles persistantes vertes ayant de 3 à 5 folioles et portant de nombreuses tiges florales à fleurs rouges, orange, jaunes ou bicolores et simples, semi-doubles ou doubles. Les tiges sont naturellement lâches et il est illusoire de penser toutes les tuteurer. Mieux vaut planter 3 à 7 plantes ensemble pour que les fleurs se mélangent et créent ainsi un effet plus dense.

Primevère

Primula x polyantha

Photo : Jacques Allard

Nom anglais : Primrose.

Nom botanique : *Primula* spp.

Hauteur : 15-60 cm.

Espacement : 20-40 cm.

Emplacement : Mi-ombragé.

Sol : Bien drainé, humide et frais ; très riche en matière organique.

Floraison : Au printemps.

Multiplication : Division après la floraison ; semis à l'automne.

Utilisation : Bordure, couvre-sol, massif, rocaille, murets, entre les dalles, plate-bande, sous-bois, lieux humides, en pot, fleur coupée.

Zone de rusticité : 2, 3, 4 et 5 (elle varie selon l'espèce et le cultivar).

Il y a plus de 1500 espèces et cultivars de primevères : le choix est donc vaste. Ce sont, pour la plupart, de petites plantes formant une rosette aux feuilles en forme de spatule. Les fleurs peuvent être tubulaires ou ouvertes, sans tige ou portées sur des tiges dressées. La gamme des couleurs est vaste : jaune, rose, bleu, violet, rouge, orangé ou pourpre, souvent à cœur jaune.

Pulmonaire tachetée

Pulmonaria 'Trevi Fountain'

Photo: www.jardinierparesseux.com

Nom anglais: Lungwort.

Nom botanique: *Pulmonaria saccharata*.

Hauteur: 20-45 cm.

Espacement: 45-60 cm.

Emplacement: Au soleil ou à l'ombre.

Sol: Bien drainé, humide et frais; et riche en matière organique.

Floraison: Au printemps.

Multiplication: Division ou semis tôt au printemps ou à l'automne.

Utilisation: Bordure, couvre-sol, massif, rocaille, murets, plate-bande, sous-bois.

Zone de rusticité: 4.

La pulmonaire tachetée (*Pulmonaria saccharata*) forme une rosette de feuilles vertes tachetées de blanc argenté et porte des fleurs roses en bouton bleues à l'épanouissement. Mais il existe aussi beaucoup d'hybrides. Les fleurs varient de bleu azur à pourpres, ou de blanches à roses; les feuilles ne sont pas seulement légèrement picotées, mais ont de belles taches d'argent consistantes ou sont même entièrement argentées sauf pour une marge verte.

Pulsatille

Pulsatilla vulgaris

Photo : www.jardinierparesseux.com

Nom anglais : Pasque Flower.

Nom botanique : *Pulsatilla vulgaris*, anc. *Anemone pulsatilla*.

Hauteur : 20-30 cm.

Espacement : 25-40 cm.

Emplacement : Ensoleillé ou mi-ombragé.

Sol : Très bien drainé et plutôt sec.

Floraison : Tôt au printemps.

Multiplication : Division ou bouturage des racines au printemps ; semis à l'automne.

Utilisation : Bordure, rocaille, murets, entre les dalles, plate-bande, fleur coupée, fleur séchée.

Zone de rusticité : 2.

Ses grosses coupes étoilées pourpres, au cœur bombé rempli d'étamines jaunes et avec un « œil » pourpre au plein centre, sont déjà pleinement épanouies avant que le feuillage se réveille. Après la floraison, ses feuilles découpées se développent pleinement, formant une rosette parfaitement ronde, et la plante se couvre de graines plumeuses.

On trouvera aussi des cultivars à fleurs frangées, doubles, violettes, rouges, blanches ou roses.

Renouée polymorphe

Persicaria polymorpha

Photo : www.jardinierparesseux.com

Nom anglais : Great White Fleecwort.

Nom botanique : *Persicaria polymorpha*.

Hauteur : 150-250 cm.

Espacement : 120-250 cm.

Emplacement : Ensoleillé, mi-ombragé et ombragé.

Sol : Riche et frais.

Floraison : Du début de l'été à l'automne.

Multiplication : Division au printemps ou à l'automne ou boutures de tige au printemps.

Utilisation : Arrière-plan, plate-bande, en isolé, haie, sous-bois, endroits humides.

Zone de rusticité : 3.

Cette très grosse vivace produit une touffe dense de tiges tubulaires aux nœuds bien marqués formant un grand dôme évasé. Les feuilles sont simples, elliptiques et vert moyen. Aux premiers jours d'été, l'extrémité des tiges se coiffe de panicules de fleurs blanches plumeuses qui se renouvellent tout l'été mais deviennent rosées et plus clairsemées à l'automne : on dirait une astilbe géante! Les fleurs sentent le foin fraîchement coupé.

Rodgersia

Rodgersia spp.

Photo: www.jardinierparesseux.com

Nom anglais: Rodger's Flower.

Nom botanique: *Rodgersia* spp.

Hauteur: 90-150 cm.

Espacement: 90 cm.

Emplacement: Ensoleillé à ombragé.

Sol: Humide, voire détrempé, et riche en matière organique.

Floraison: Du début jusqu'au milieu de l'été.

Multiplication: Division au printemps.

Utilisation: Massif, plate-bande, arrière-plan, sous-bois, pré fleuri, pentes, lieux humides, fleur coupée, fleur séchée.

Zone de rusticité: 4.

Poussant à partir d'un épais rhizome, les rodgersias produisent de grandes feuilles palmées ou pennées aux folioles superbement nervurées. Plusieurs cultivars ont des feuilles bronzées au printemps. Les fleurs plumeuses, portées sur une haute tige, rappellent celles des astilbes; elles peuvent être blanches ou roses.

Cette plante presque semi-aquatique demande un sol humide en tout temps. Elle ne poussera au soleil que dans un sol presque détrempé.

Rose trémière, passe-rose

Alcea rosea

Photo: www.jardinierparesseux.com

Nom anglais: Hollyhock.

Nom botanique: *Alcea rosea*, anc. *Althea rosea*.

Hauteur: 90-250 cm.

Espacement: 90 cm.

Emplacement: Ensoleillé ou légèrement ombragé.

Sol: Ordinaire, bien drainé et assez humide.

Floraison: Du début jusqu'au milieu de l'été.

Multiplication: Semis à l'intérieur, à la fin de l'hiver, ou à l'extérieur, au printemps.

Utilisation: Plate-bande, arrière-plan, pré fleuri, fleur coupée, fleur séchée.

Zone de rusticité: 3.

La rose trémière forme de grandes feuilles arrondies près du sol, puis une haute et solide tige florale portant des fleurs simples ou doubles en forme d'antenne parabolique. Elles peuvent être blanches, roses, rouges, pourpres ou même presque noires.

Cette grande plante est une vivace de courte vie, mais se ressèmera spontanément.

Ses feuilles inférieures sont sujettes à la rouille; plantez-la donc en arrière-plan où vous ne les verrez pas.

Rudbeckie 'Goldsturm'

Rudbeckia fulgida sullivantii
'Goldsturm'

Nom anglais : Black-eyed Susan.

Nom botanique : *Rudbeckia fulgida sullivantii* 'Goldsturm'.

Hauteur : 60-75 cm.

Espacement : 50 cm.

Emplacement : Au soleil.

Sol : Bien drainé.

Floraison : Milieu de l'été à l'automne.

Multiplication : Division au printemps.

Utilisation : Bordure, en isolé, massif, plate-bande, arrière-plan, pré fleuri, fleur coupée, fleur séchée.

Zone de rusticité : 3.

Cette rudbeckie produit une touffe aux feuilles vert foncé et hirsutes coiffées de grosses fleurs à cône bombé noir entouré de rayons jaune soleil.

De culture très facile, la rudbeckie 'Goldsturm' ne demande que du soleil et un sol bien drainé. Le blanc atteint parfois son feuillage à l'automne si vous ne la paillez pas. Elle se multiplie par division, n'étant pas tout à fait fidèle au type par semences.

Rudbeckie pourpre

Echinacea purpurea
'Razzmatazz'

Photo : www.jardinierparesseux.com

Nom anglais : Purple Coneflower, Echinacea.

Nom botanique : *Echinacea purpurea*.

Hauteur : 45-90 cm.

Espacement : 60 cm.

Emplacement : Ensoleillé ou mi-ombragé.

Sol : Bien drainé, sec et assez pauvre.

Floraison : Du milieu de l'été jusqu'à l'automne.

Multiplication : Division au printemps ou à la fin de l'été ; semis au printemps.

Utilisation : En isolé, massif, plate-bande, pré fleuri, fleur coupée, fleur séchée.

Zone de rusticité : 3.

Cette populaire vivace produit une rosette de feuilles larges, longues, vert foncé et légèrement hirsutes et de grandes marguerites à disque central bombé et piquant (*Echinacea* fait référence à un hérisson), vert à orangé entouré de rayons rose pourpré ou blancs. Il existe maintenant des cultivars à fleurs orange ou jaunes et doubles ou semi-doubles.

La plante s'adapte aux sols pauvres et secs, mais aime bien les sols enrichis.

Sauge russe

Perovskia atriplicifolia 'Blue Spire'

Photo: www.jardinierparesseux.com

Nom anglais: Russian Sage.

Nom botanique: *Perovskia atriplicifolia.*

Hauteur: 60-120 cm.

Espacement: 60-90 cm.

Emplacement: Au soleil.

Sol: Bien drainé et plutôt sec (les sols pauvres sont tolérés).

Floraison: Du milieu de l'été jusqu'au début de l'automne.

Multiplication: Bouturage des tiges en été; semis et division (difficiles) au printemps.

Utilisation: En isolé, haie, massif, plate-bande, arrière-plan, pré fleuri, fleur coupée, fleur séchée.

Zone de rusticité: 3.

La sauge russe a le port d'un arbuste, mais un comportement de vivace, car elle meurt au sol tous les ans. Les tiges blanc argenté poussent vers le haut et l'extérieur, ce qui donne un port évasé. Les feuilles aromatiques sont gris-vert et très découpées. À la mi-été, la plante se couvre de petites fleurs tubulaires bleu-violet. L'effet d'ensemble des deux donne une coloration violet pâle argenté des plus agréables.

Sauge superbe

Salvia x *sylvestris* 'Blauhügel'

Nom anglais: Perennial Sage.

Noms botaniques: *Salvia* x *superba*, *Salvia* x *sylvestris*, *Salvia nemorosa*.

Hauteur: 20-60 cm.

Espacement: 30-60 cm.

Emplacement: Ensoleillé ou très légèrement ombragé.

Sol: Bien drainé et plutôt sec.

Floraison: Pendant tout l'été.

Multiplication: Division, bouturage des tiges ou semis au printemps.

Utilisation: Bordure, couvre-sol, en isolé, haie, massif, rocaille, murets, plate-bande, sous-bois, pré fleuri, bac, pentes, fleur coupée, fleur séchée.

Zone de rusticité: 4.

Le terme «sauge superbe» s'applique à trois espèces similaires (*Salvia nemorosa*, *S.* x *sylvestris* et *S.* x *superba*). Ce sont des plantes poussant en touffe dense au feuillage aromatique portant des épis étroits de petits fleurs violettes, roses, rouges ou blanches. Souvent le calice aussi est coloré. Les meilleurs cultivars, comme 'Marcus', 'Schneehügel' ('Snow Hill') et 'Blauhügel' ('Blue Hill'), fleurissent tout l'été.

Scabieuse du Caucase

Scabiosa caucasica

Photo : www.jardinierparesseux.com

Nom anglais : Pincushion Flower.

Nom botanique : *Scabiosa caucasica.*

Hauteur : 30-75 cm.

Espacement : 30 cm.

Emplacement : Au soleil.

Sol : Bien drainé, humide et riche en matière organique.

Floraison : Du milieu jusqu'à la fin de l'été.

Multiplication : Semis au printemps pour l'espèce ; division au printemps pour les cultivars.

Utilisation : Bordure, massif, rocaille, murets, plate-bande, pré fleuri, fleur coupée.

Zone de rusticité : 3.

La scabieuse du Caucase produit des feuilles basales lancéolées gris-vert, alors que les feuilles sur les tiges florales sont pennées. Les inflorescences sont composées d'un disque central de fleurons à l'étamine proéminente, donnant un effet de pelote d'épingle, et de bractées larges et irrégulièrement découpées. La couleur de base est un bleu lavande, mais il y a des cultivars à fleurs d'un bleu plus intense, roses et blanches.

Sceau-de-Salomon

Polygonatum spp.

Nom anglais : Solomon's Seal.

Nom botanique : *Polygonatum* spp.

Hauteur : 45-120 cm.

Espacement : 60-90 cm.

Emplacement : Mi-ombragé ou ombragé.

Sol : Bien drainé, humide et plutôt acide ; riche en matière organique.

Floraison : De la fin du printemps jusqu'au début de l'été.

Multiplication : Division ou bouturage des racines au printemps.

Utilisation : Massif, rocaille, murets, plate-bande, arrière-plan, sous-bois, pentes, lieux humides, fleur coupée.

Zone de rusticité : 3.

Les seaux-de-Salomon produisent de gracieuses tiges arquées aux feuilles alternes lisses (parfois striées de blanc) et des fleurs blanches à pointes vertes suspendues sous les tiges. Elles sont portées par groupes de 2 à 4 et sont parfumées. Les fleurs sont suivies, parfois, de fruits ronds bleus ou noirs. Les tiges sont portées sur des rhizomes voyageurs. Avec le temps (leur croissance est *très* lente), elles forment de grosses touffes.

Sédum d'automne

Sedum spectabile

Photo : www.jardinierparesseux.com

Nom anglais : Showy Stonecrop.

Noms botaniques : *Sedum spectabile*, *Sedum x*, *Sedum telephium* et autres.

Hauteur : 30-60 cm.

Espacement : 30-60 cm.

Emplacement : Ensoleillé ou mi-ombragé.

Sol : Ordinaire ou même pauvre et bien drainé.

Floraison : De la fin de l'été jusqu'à la fin de l'automne.

Multiplication : Division au printemps; bouturage à l'été.

Utilisation : Bordure, en isolé, haie, massif, rocaille, murets, plate-bande, bac, fleur coupée, fleur séchée.

Zone de rusticité : 3.

Les sédums d'automne sont des plantes succulentes à épaisses tiges dressées et aux feuilles charnues formant un dôme arrondi. Les feuilles sont généralement vert glauque ou vert bleuté, parfois pourpres ou bicolores. Elles produisent à l'automne de grosses ombelles en demi-lune composées de dizaines de boutons enflés, souvent déjà colorés avant leur épanouissement, qui s'ouvrent en fleurs étoilées blanches, roses ou rouges. Les papillons les adorent.

Sédum de Kamtchatka

Sedum kamtschaticum

Nom anglais : Orange Stonecrop.

Noms botaniques : *Sedum kamtschaticum* et *Sedum kamtschaticum floriferum,* syn. *Sedum floriferum.*

Hauteur : 5-25 cm.

Espacement : 25-60 cm.

Emplacement : Au soleil.

Sol : Ordinaire et très bien drainé, voire sec.

Floraison : Du début jusqu'à la fin de l'été.

Multiplication : Division, marcottage ou bouturage des tiges à l'été ; semis au printemps.

Utilisation : Bordure, couvre-sol, massif, rocaille, murets, entre les dalles, plate-bande, bac, pentes, fleur coupée, fleur séchée.

Zone de rusticité : 3.

Il s'agit d'une plante succulente aux tiges rougeâtres rampantes, dressées à l'extrémité, formant un tapis arrondi et dense de feuilles charnues, luisantes, en forme de cuiller étroite légèrement dentée à l'extrémité. Presque dès le début de l'été, et presque jusqu'à sa fin, la plante se couvre de fleurs jaune orangé. Il existe plusieurs variantes : à fleurs jaune clair, à feuillage panaché, etc.

Trolle

Trollius spp.

Photo : www.jardinierparesseux.com

Nom anglais : Globeflower.

Nom botanique : *Trollius* spp.

Hauteur : 40-60 cm.

Espacement : 30-60 cm.

Emplacement : Ensoleillé ou mi-ombragé.

Sol : Humide, voire détrempé, et riche en matière organique.

Floraison : Au printemps.

Multiplication : Division au printemps ou à la fin de l'été.

Utilisation : Bordure, massif, rocaille, murets, plate-bande, lieux humides, sous-bois, pré fleuri, fleur coupée.

Zone de rusticité : 3.

Il s'agit d'une plante proche du bouton d'or (*Ranunculus* spp.) et portant comme lui des feuilles découpées et des fleurs jaune soleil brillant. Les fleurs de trolle sont cependant beaucoup plus grosses et forment une boule qui ne s'ouvre jamais pleinement. Il existe aussi des cultivars orange et blanc crème.

À l'origine, le trolle était une plante de marécage ; il préfère donc les emplacements humides.

Véronique à épis

Veronica spicata

Nom anglais : Spiked Speedwell.

Noms botaniques : *Veronica spicata* et *Veronica spicata incana*.

Hauteur : 10 à 60 cm.

Espacement : 30 à 60 cm.

Emplacement : Ensoleillé ou mi-ombragé.

Sol : Bien drainé, humide et riche en matière organique.

Floraison : Du début jusqu'à la fin de l'été.

Multiplication : Division au printemps ou à l'automne ; bouturage des tiges à l'été ; semis au printemps.

Utilisation : Bordure, massif, rocaille, murets, plate-bande, arrière-plan, pré fleuri, fleur coupée, fleur séchée.

Zone de rusticité : 3 ou 4.

La véronique à épis produit des touffes de tiges courtes dressées couvertes de feuilles lancéolées dentées, vert foncé ou argentées. De ces tiges émergent des épis dressés étroits, parfois deux fois plus hauts que le feuillage, composés de petites fleurs bleu violacé en ce qui concerne l'espèce, mais rouges, roses, blanches, pourpres, etc., pour les cultivars. Il en existe des grands (environ 50 à 60 cm) et des petits (10 à 40 cm).

Violette ou petite pensée

Viola spp.

Photo: www.jardinierparesseux.com

Noms anglais: Violet, Pansy.

Nom botanique: *Viola* spp.

Hauteur: 10-30 cm.

Espacement: 25-30 cm.

Emplacement: Au soleil ou à l'ombre.

Sol: Bien drainé, humide et riche en matière organique.

Floraison: Au printemps (pour les «violettes»); pendant tout l'été (pour les «petites pensées»).

Multiplication: Division au printemps; semis à l'intérieur, à la fin de l'hiver, ou à l'extérieur, à l'automne.

Utilisation: Bordure, couvre-sol, massif, rocaille, murets, entre les dalles, plate-bande, sous-bois, bac, pentes, fleur coupée.

Zone de rusticité: 3, 4 et 5.

Il existe des centaines de violettes et de petites pensées. Les violettes ont de petites fleurs printanières penchées, alors que les petites pensées ont des fleurs plus grosses et plus ouvertes, souvent imprimées de ce que l'on voit comme un petit visage souriant, et fleurissent presque tout l'été. Toutes les couleurs de fleurs sont possibles, du blanc au noir! Le feuillage aussi est varié, pouvant être cordiforme, elliptique ou découpé.

Yucca

Yucca filamentosa

Photo : www.jardinierparesseux.com

Nom anglais : Adam's Needle.

Nom botanique : *Yucca filamentosa*.

Hauteur : 70-150 cm (tige florale), 45-60 cm (feuillage).

Espacement : 60-90 cm.

Emplacement : Au soleil.

Sol : Très bien drainé, voire sec.

Floraison : Du milieu jusqu'à la fin de l'été.

Multiplication : Division des rejets ou semis au printemps.

Utilisation : En isolé, rocaille, murets, plate-bande, arrière-plan, fleur coupée.

Zone de rusticité : 6.

Cette plante succulente, originaire des régions sèches, produit une rosette de feuilles ensiformes acérées munies de longs fils. En émerge une haute tige florale aux fleurs blanches en forme de cloche. La floraison tarde souvent à venir, car seules les rosettes matures fleurissent et elles ne fleurissent alors qu'une seule fois. Ainsi, tant qu'il n'y a pas plusieurs rosettes, la floraison est sporadique. Une bonne protection hivernale est nécessaire.

Index